Tic Tac Toe

Tic-tac-toe is a paper-and-pencil game for two players, X and O, who take turns marking the spaces in a 3×3 grid. The player who succeeds in placing three of their marks in a horizontal, vertical, or diagonal row wins the game.

Tic Tac Toe

winner:_____

winner:_____

winner:_____

winner:_____

winner:_____

winner:_____

Tic Tac Toe

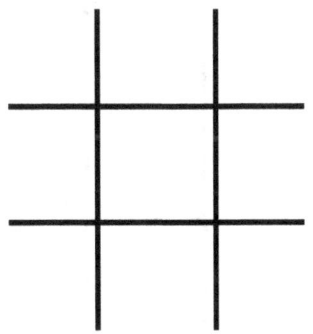

winner:_____

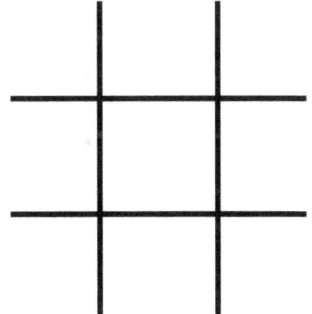

winner:_____

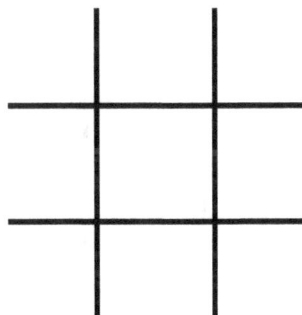

winner:_____

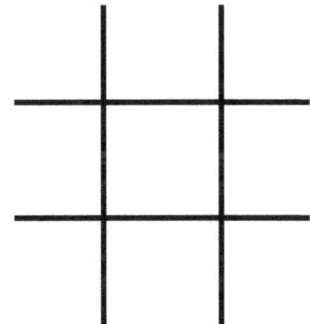

winner:_____

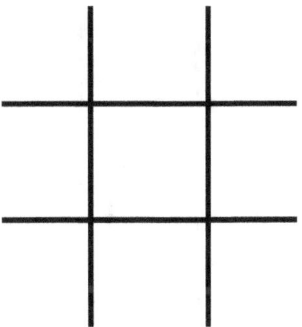

winner:_____

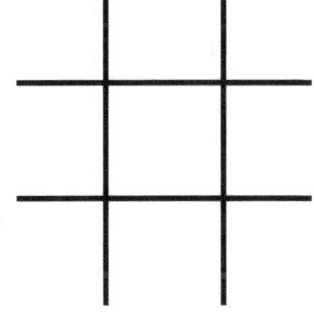

winner:_____

Tic Tac Toe

winner:_____

winner:_____

winner:_____

winner:_____

winner:_____

winner:_____

Tic Tac Toe

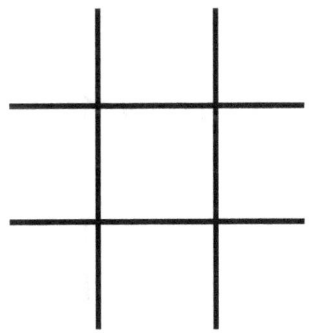

winner:_____

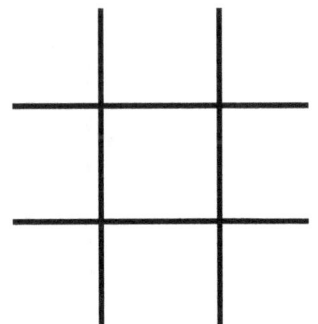

winner:_____

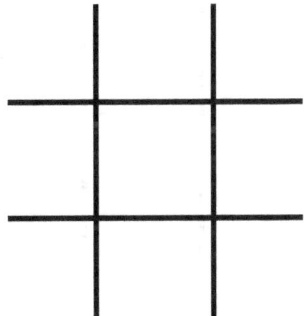

winner:_____

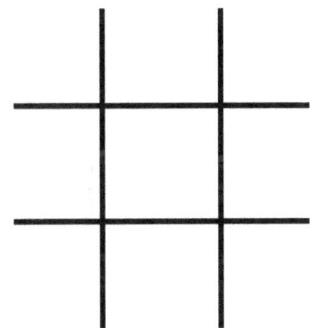

winner:_____

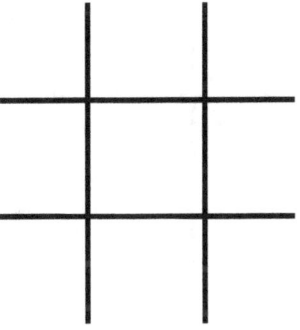

winner:_____

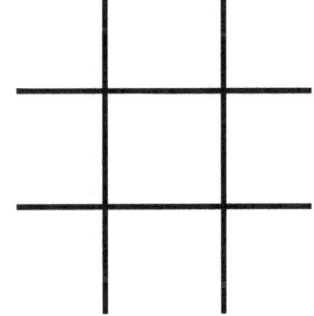

winner:_____

Tic Tac Toe

winner:_____

winner:_____

winner:_____

winner:_____

winner:_____

winner:_____

Tic Tac Toe

winner:_____

winner:_____

winner:_____

winner:_____

winner:_____

winner:_____

Tic Tac Toe

winner:_____   winner:_____

winner:_____   winner:_____

winner:_____   winner:_____

Tic Tac Toe

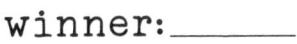

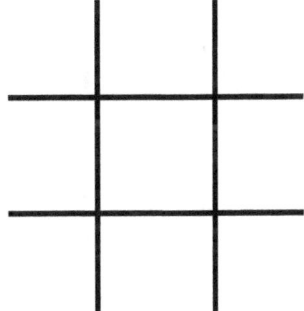

winner:_____

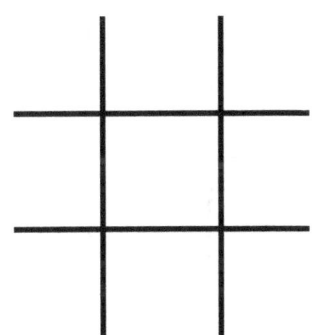

winner:_____

winner:_____

winner:_____

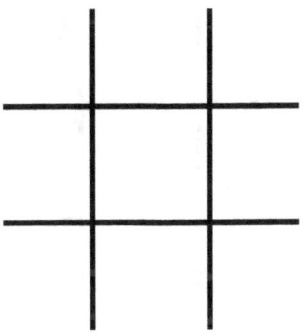

winner:_____

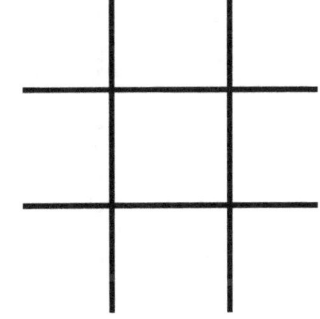

winner:_____

Tic Tac Toe

winner:_____

winner:_____

winner:_____

winner:_____

winner:_____

winner:_____

Tic Tac Toe

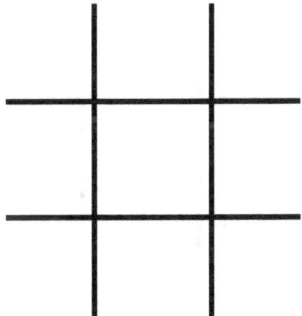

winner:_____

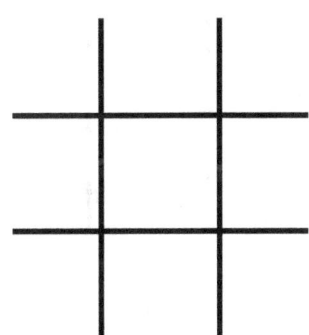

winner:_____

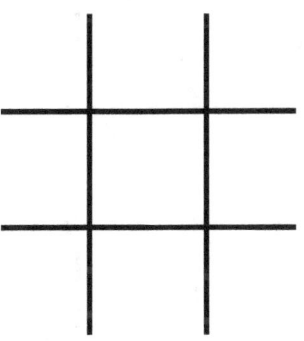

winner:_____

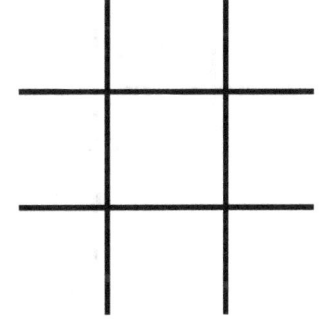

winner:_____

winner:_____

winner:_____

Tic Tac Toe

winner:_____

winner:_____

winner:_____

winner:_____

winner:_____

winner:_____

Tic Tac Toe

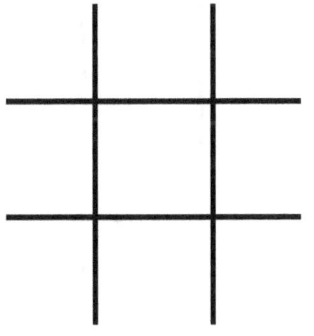

winner:_____

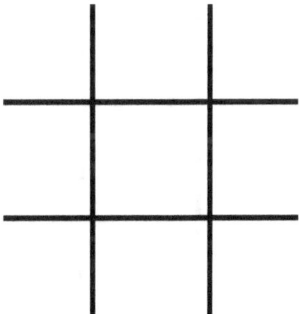

winner:_____

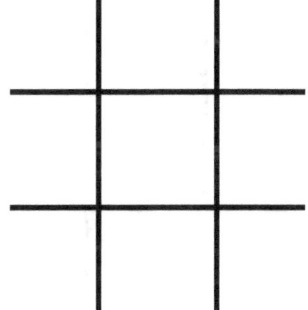

winner:_____

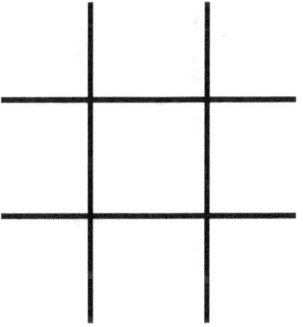

winner:_____

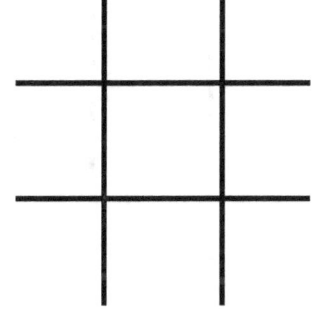

winner:_____

winner:_____

Tic Tac Toe

winner:_____

winner:_____

winner:_____

winner:_____

winner:_____

winner:_____

Tic Tac Toe

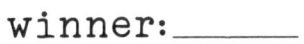

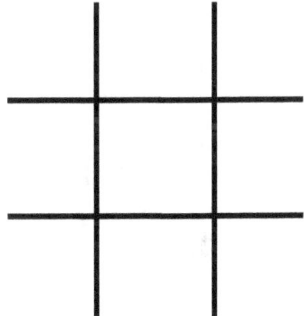

winner:_____

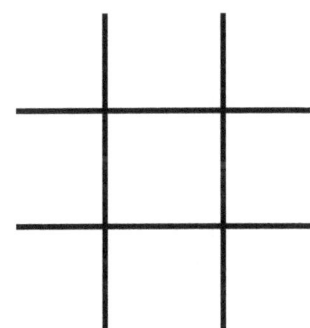

winner:_____

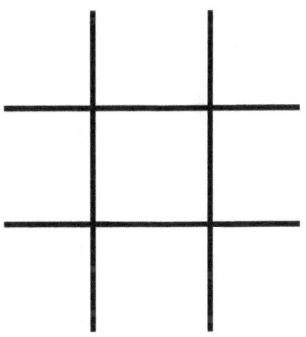

winner:_____

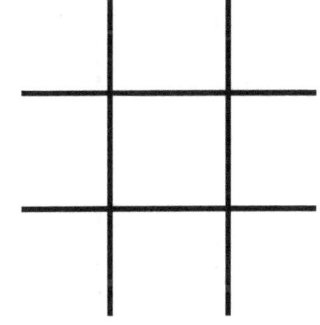

winner:_____

winner:_____

winner:_____

Tic Tac Toe

winner:_____ winner:_____

winner:_____ winner:_____

winner:_____ winner:_____

Tic Tac Toe

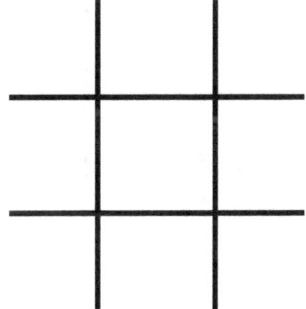

winner:_____

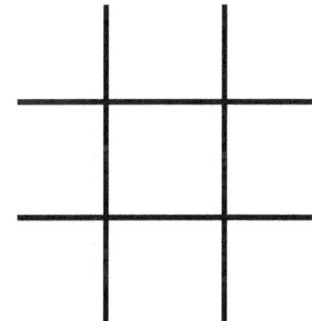

winner:_____

winner:_____

winner:_____

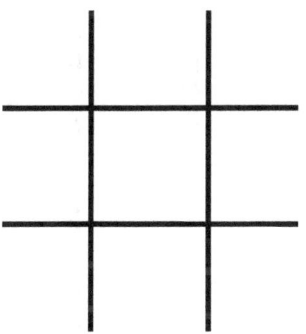

winner:_____

winner:_____

Tic Tac Toe

winner:_____

winner:_____

winner:_____

winner:_____

winner:_____

winner:_____

Tic Tac Toe

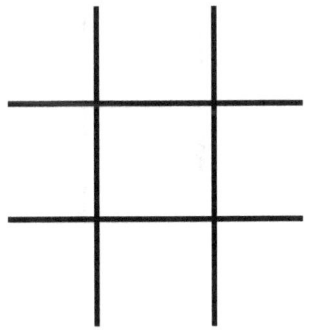

winner:_____

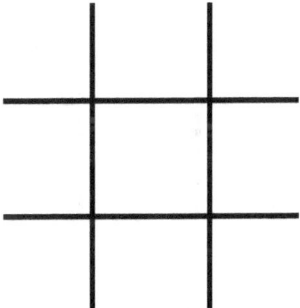

winner:_____

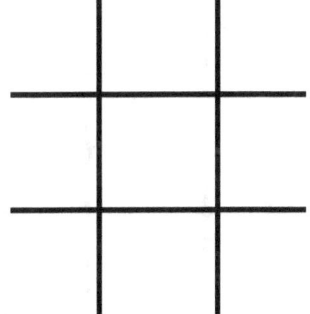

winner:_____

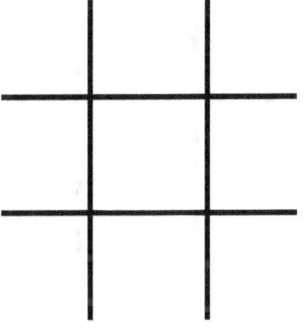

winner:_____

winner:_____

winner:_____

Tic Tac Toe

winner:_____   winner:_____

winner:_____   winner:_____

winner:_____   winner:_____

Tic Tac Toe

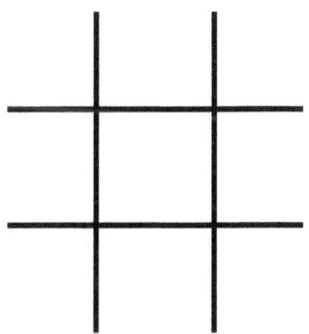

winner:_____

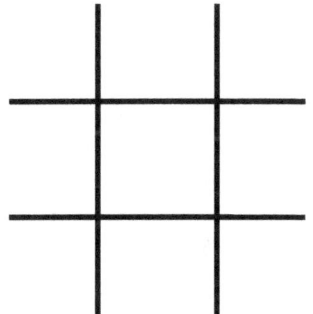

winner:_____

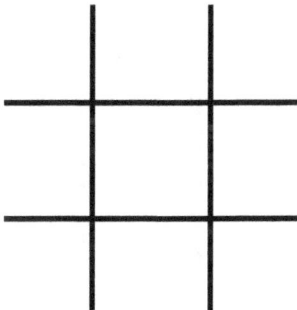

winner:_____

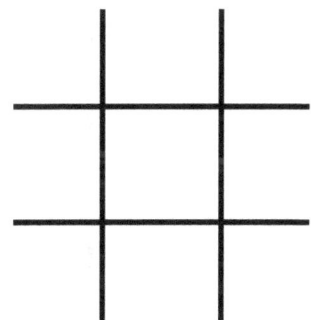

winner:_____

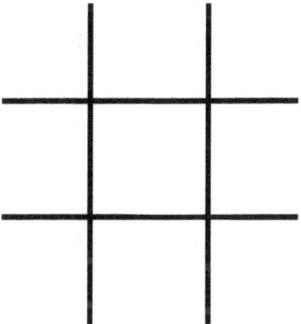

winner:_____

winner:_____

Tic Tac Toe

winner:_____

winner:_____

winner:_____

winner:_____

winner:_____

winner:_____

Tic Tac Toe

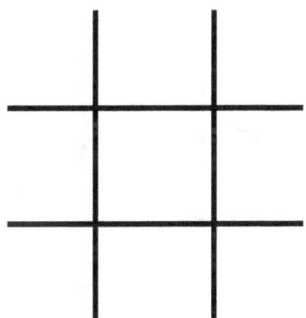

winner:_____

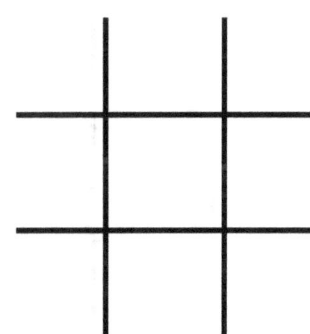

winner:_____

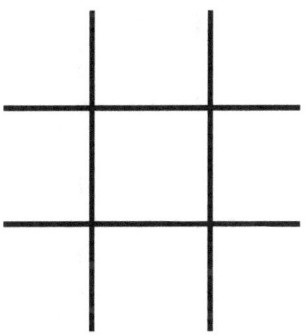

winner:_____

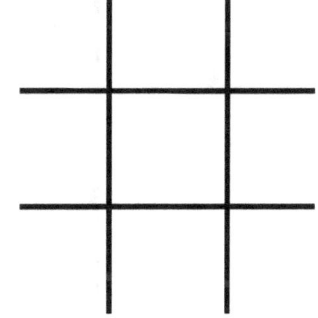

winner:_____

Tic Tac Toe

winner:_____

winner:_____

winner:_____

winner:_____

winner:_____

winner:_____

Tic Tac Toe

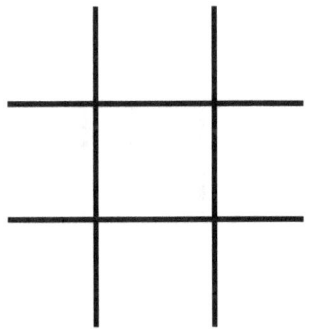

winner:_____

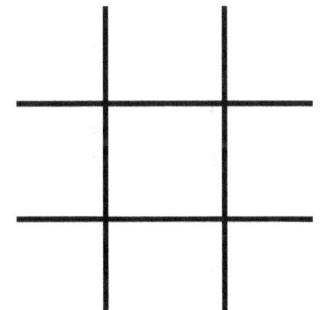

winner:_____

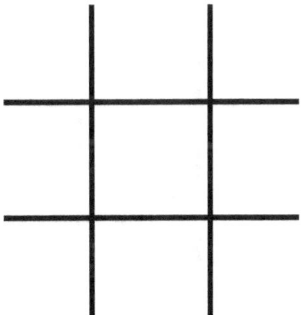

winner:_____

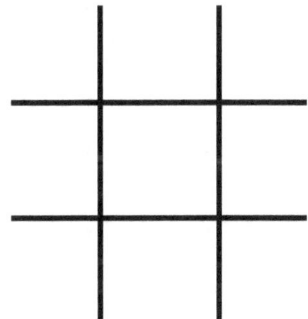

winner:_____

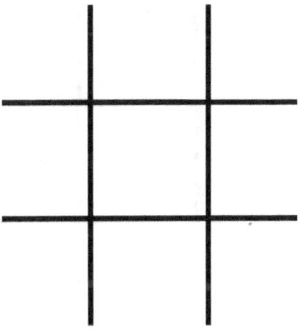

winner:_____

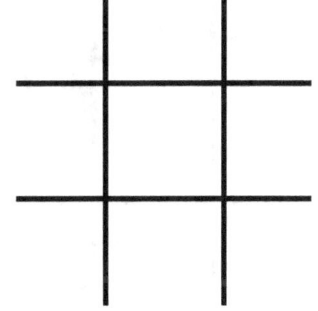

winner:_____

Tic Tac Toe

winner:_____

winner:_____

winner:_____

winner:_____

winner:_____

winner:_____

Tic Tac Toe

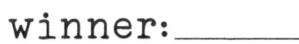

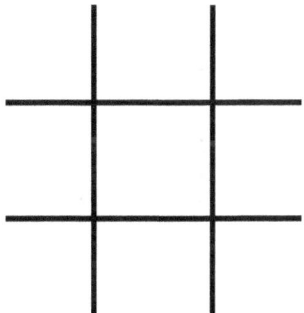

winner:_____

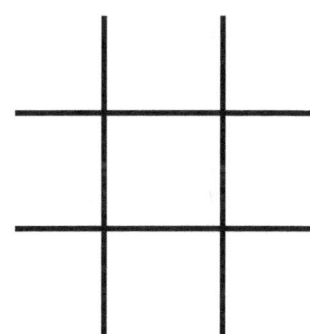

winner:_____

winner:_____

winner:_____

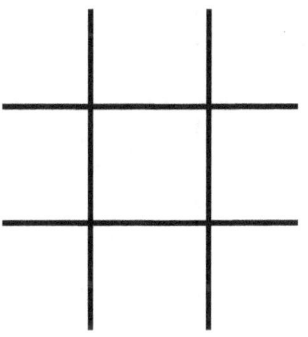

winner:_____

winner:_____

Tic Tac Toe

winner:_____

winner:_____

winner:_____

winner:_____

winner:_____

winner:_____

Tic Tac Toe

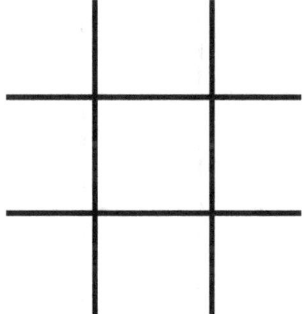

winner:_____

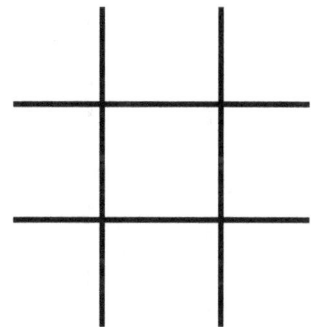

winner:_____

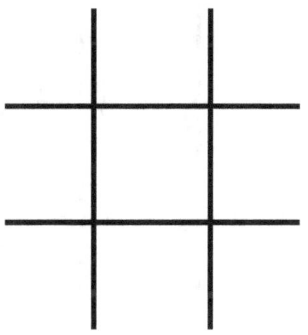

winner:_____

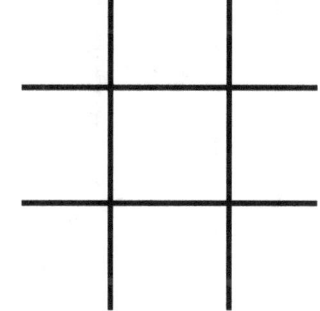

winner:_____

Tic Tac Toe

winner:_____

winner:_____

winner:_____

winner:_____

winner:_____

winner:_____

Tic Tac Toe

#	#
winner:_____	winner:_____
#	#
winner:_____	winner:_____
#	#
winner:_____	winner:_____

Tic Tac Toe

winner:_____

winner:_____

winner:_____

winner:_____

winner:_____

winner:_____

Tic Tac Toe

winner:_____   winner:_____

winner:_____   winner:_____

winner:_____   winner:_____

Tic Tac Toe

winner:_____

winner:_____

winner:_____

winner:_____

winner:_____

winner:_____

Tic Tac Toe

winner:_____   winner:_____

winner:_____   winner:_____

winner:_____   winner:_____

Tic Tac Toe

winner:_____   winner:_____

winner:_____   winner:_____

winner:_____   winner:_____

Tic Tac Toe

winner:_____   winner:_____

winner:_____   winner:_____

winner:_____   winner:_____

Tic Tac Toe

winner:_____

winner:_____

winner:_____

winner:_____

winner:_____

winner:_____

Tic Tac Toe

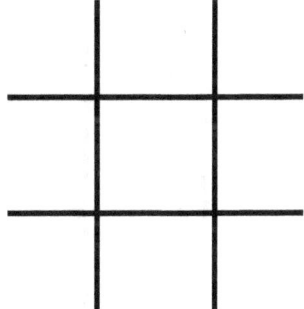

winner:_____

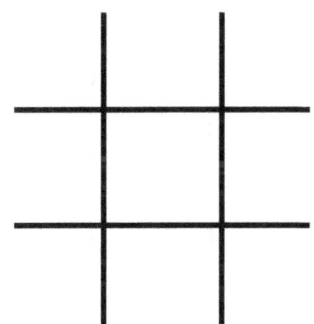

winner:_____

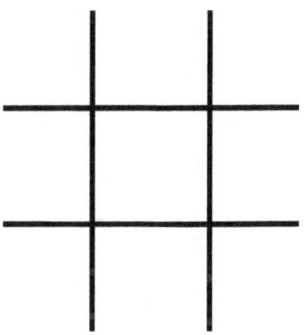

winner:_____

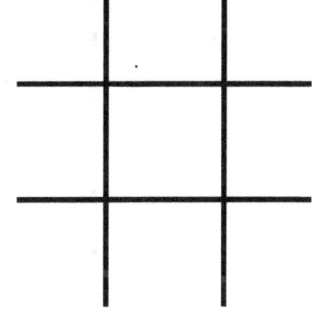

winner:_____

Tic Tac Toe

winner:_____

winner:_____

winner:_____

winner:_____

winner:_____

winner:_____

Tic Tac Toe

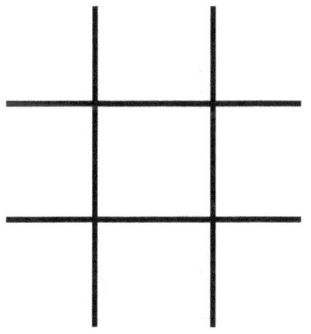 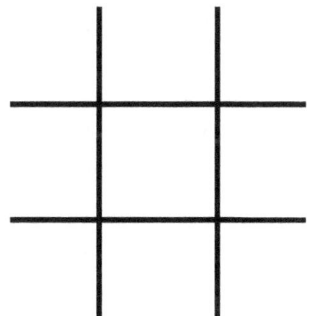

winner:_____   winner:_____

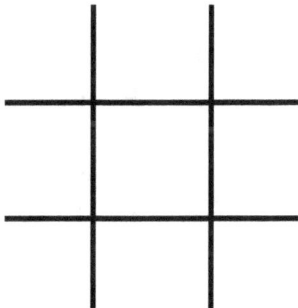 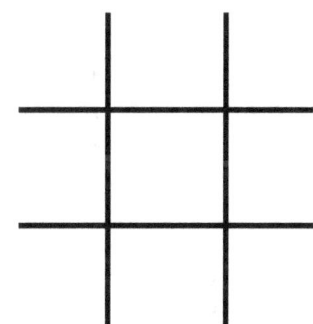

winner:_____   winner:_____

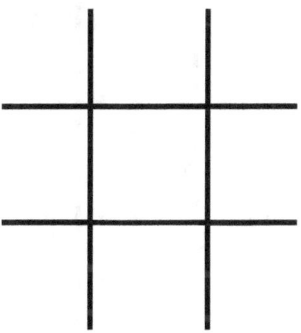

winner:_____   winner:_____

Tic Tac Toe

winner:_____

winner:_____

winner:_____

winner:_____

winner:_____

winner:_____

Tic Tac Toe

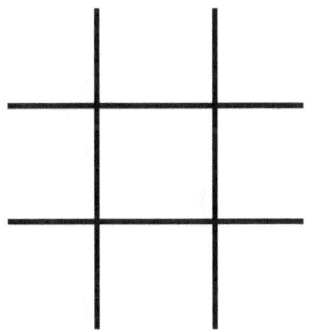

winner:_____

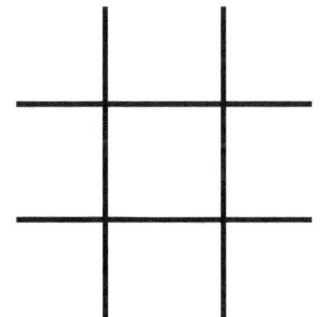

winner:_____

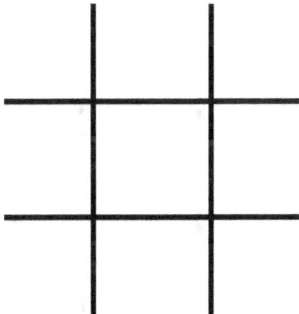

winner:_____

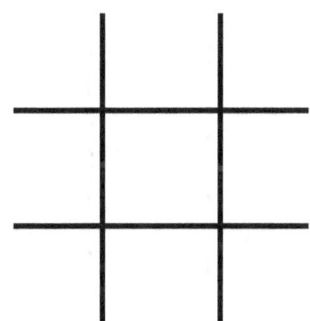

winner:_____

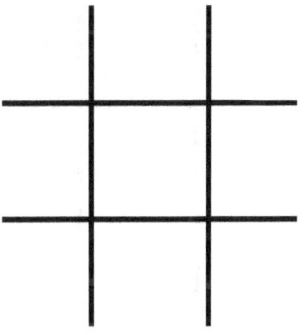

winner:_____

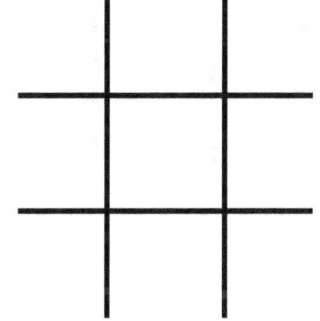

winner:_____

Tic Tac Toe

winner:_____

winner:_____

winner:_____

winner:_____

winner:_____

winner:_____

Tic Tac Toe

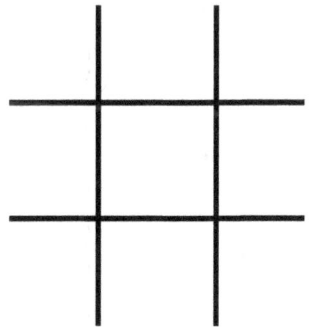

winner:_____

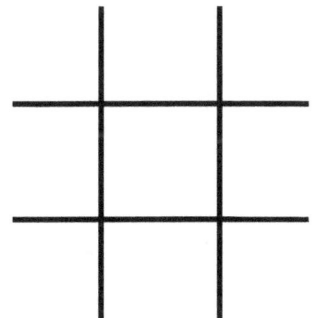

winner:_____

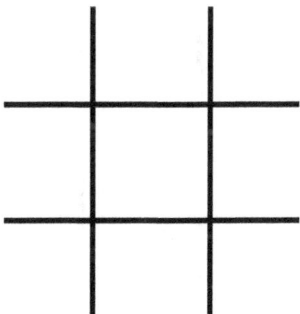

winner:_____

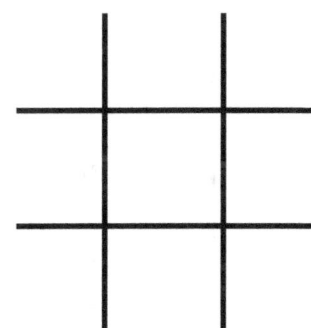

winner:_____

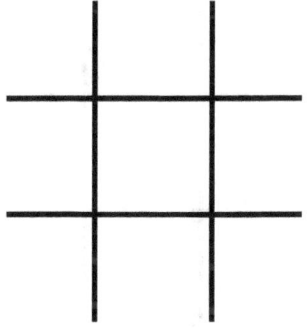

winner:_____

winner:_____

Tic Tac Toe

winner:_____

winner:_____

winner:_____

winner:_____

winner:_____

winner:_____

Tic Tac Toe

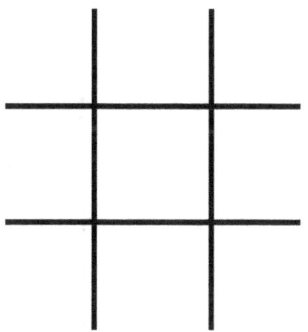

winner:_____

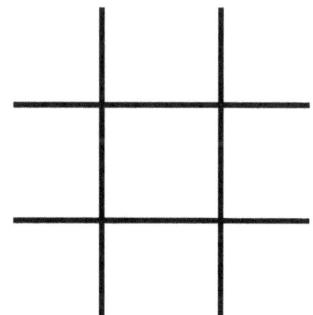

winner:_____

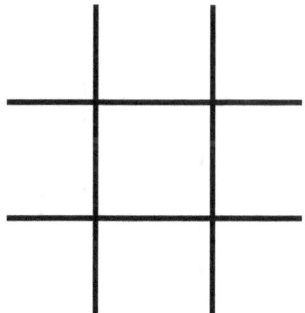

winner:_____

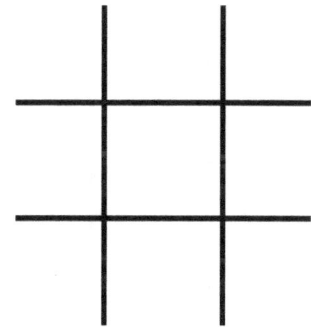

winner:_____

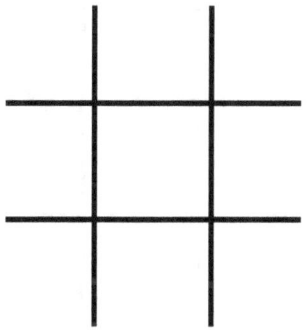

winner:_____

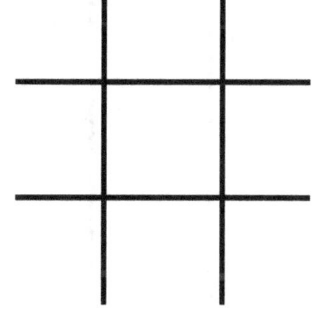

winner:_____

Tic Tac Toe

winner:_____

winner:_____

winner:_____

winner:_____

winner:_____

winner:_____

Tic Tac Toe

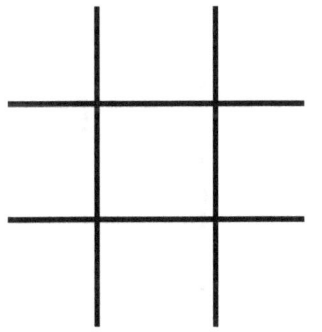
winner:_____

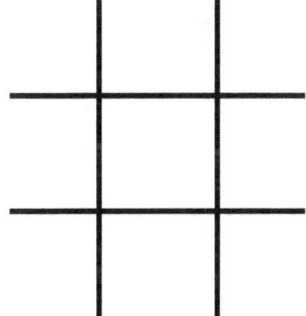
winner:_____

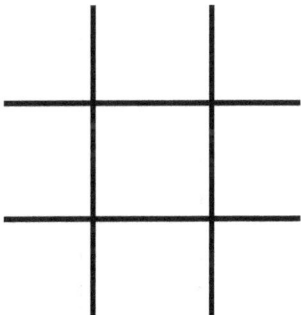
winner:_____

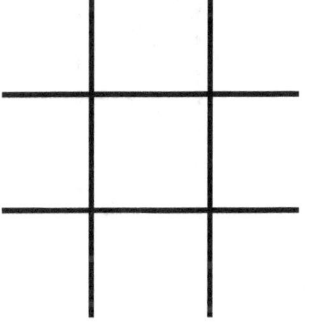
winner:_____

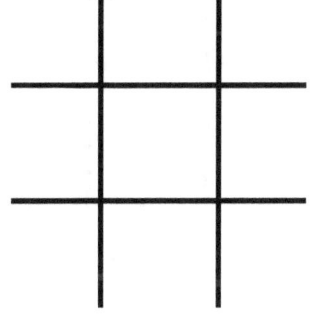
winner:_____

Tic Tac Toe

winner:_____   winner:_____

winner:_____   winner:_____

winner:_____   winner:_____

Tic Tac Toe

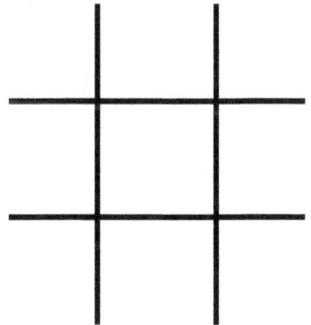

winner:_____

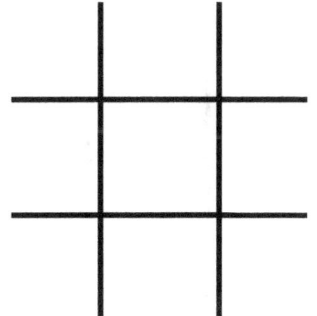

winner:_____

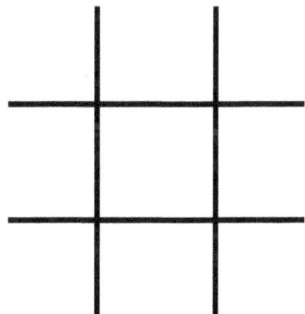

winner:_____

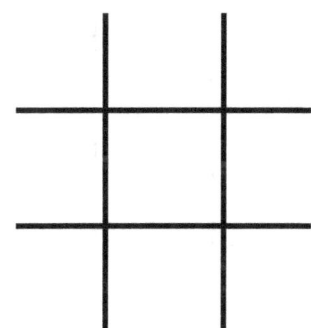

winner:_____

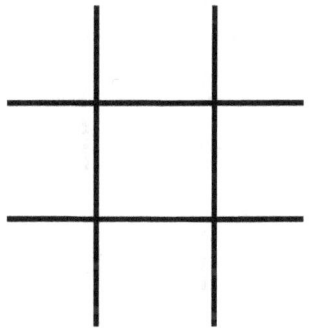

winner:_____

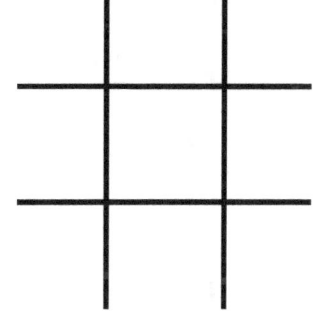

winner:_____

Tic Tac Toe

winner:_____

winner:_____

winner:_____

winner:_____

winner:_____

winner:_____

Tic Tac Toe

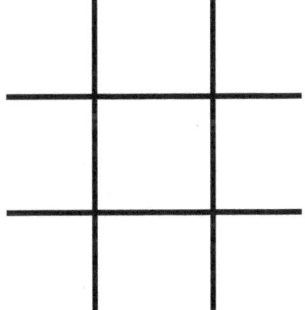

winner:_____

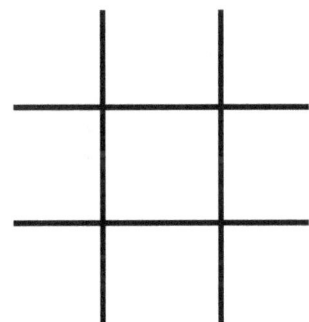

winner:_____

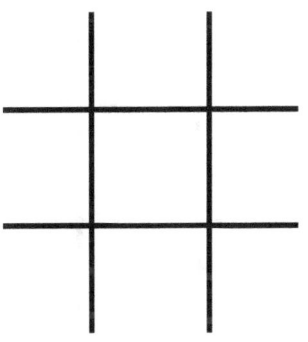

winner:_____

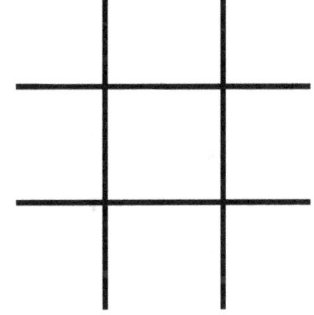

winner:_____

Tic Tac Toe

winner:_____

winner:_____

winner:_____

winner:_____

winner:_____

winner:_____

Tic Tac Toe

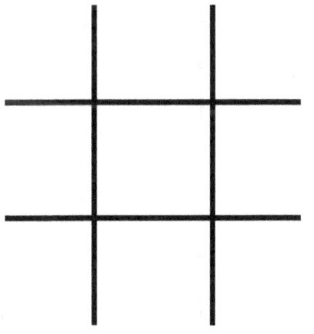

winner:_____

winner:_____

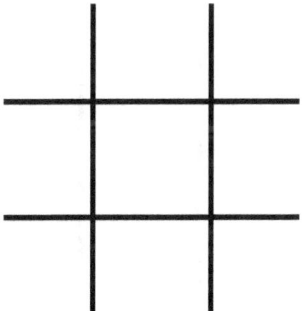

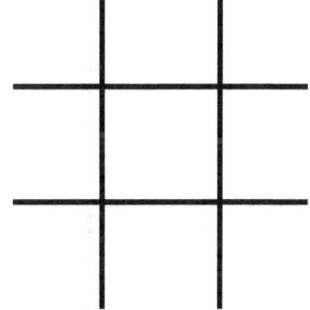

winner:_____

winner:_____

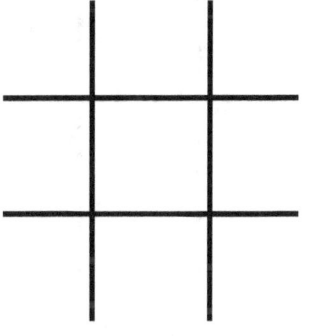

winner:_____

winner:_____

Tic Tac Toe

winner:_____   winner:_____

winner:_____   winner:_____

winner:_____   winner:_____

Tic Tac Toe

winner:_____

winner:_____

winner:_____

winner:_____

winner:_____

winner:_____

Tic Tac Toe

winner:_____

winner:_____

winner:_____

winner:_____

winner:_____

winner:_____

Tic Tac Toe

winner:_____   winner:_____

winner:_____   winner:_____

winner:_____   winner:_____

Tic Tac Toe

winner:_____

winner:_____

winner:_____

winner:_____

winner:_____

winner:_____

Tic Tac Toe

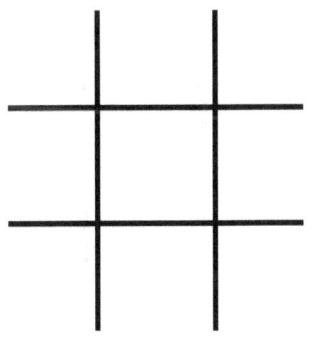

winner:_____

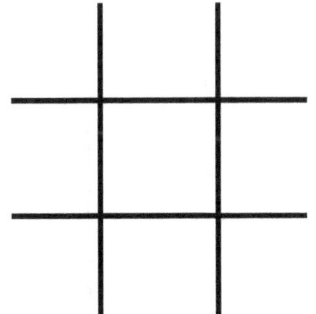

winner:_____

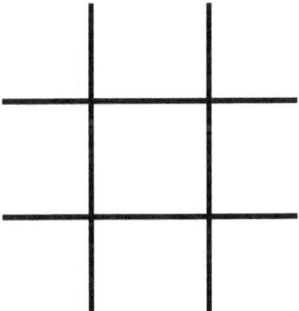

winner:_____

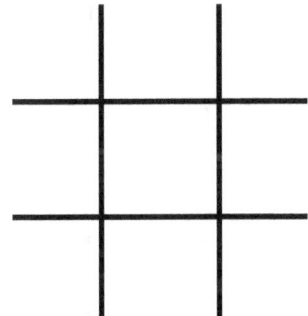

winner:_____

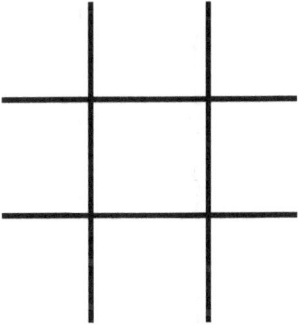

winner:_____

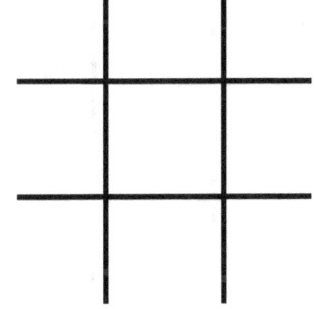

winner:_____

Tic Tac Toe

winner:_____   winner:_____

winner:_____   winner:_____

winner:_____   winner:_____

Tic Tac Toe

winner:_____

winner:_____

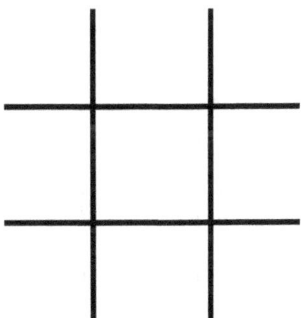

winner:_____

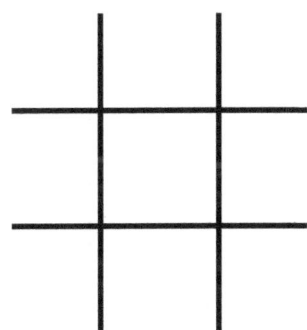

winner:_____

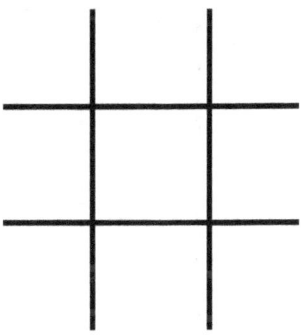

winner:_____

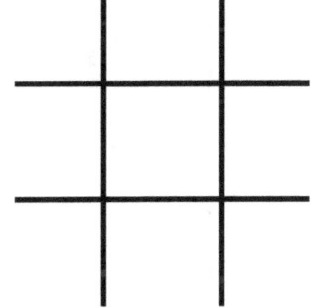

winner:_____

Tic Tac Toe

winner:_____

winner:_____

winner:_____

winner:_____

winner:_____

winner:_____

Tic Tac Toe

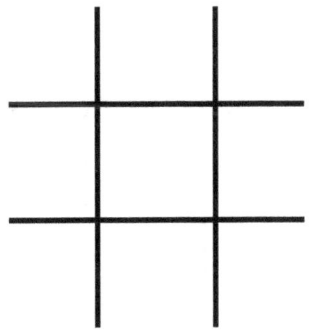

winner:_____

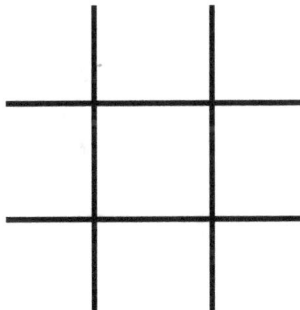 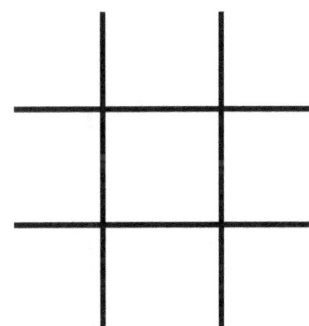

winner:_____   winner:_____

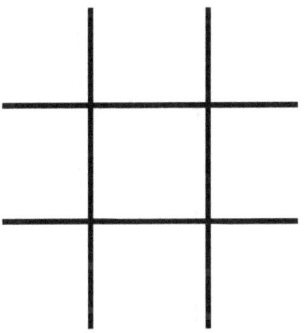 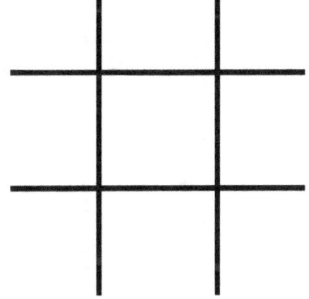

winner:_____   winner:_____

Tic Tac Toe

winner:_____   winner:_____

winner:_____   winner:_____

winner:_____   winner:_____

Tic Tac Toe

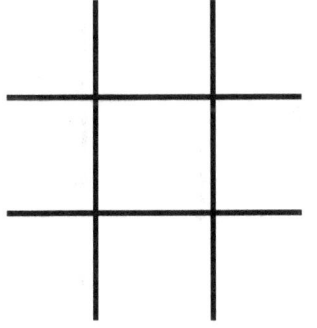

winner:_____

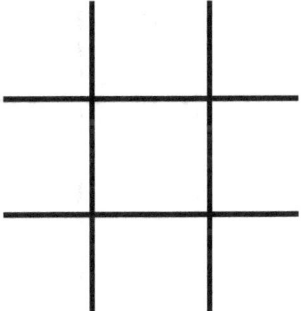

winner:_____

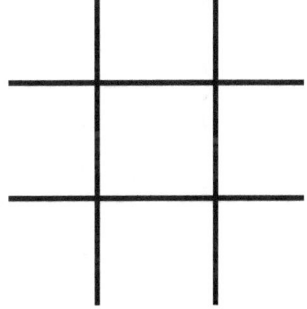

winner:_____

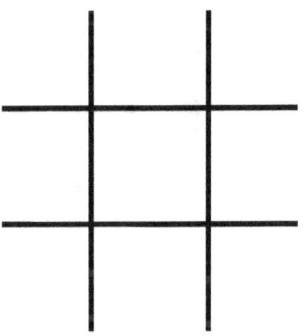

winner:_____

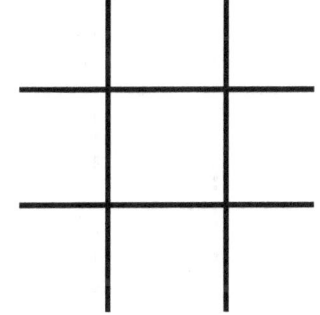

winner:_____

Tic Tac Toe

winner:_____   winner:_____

winner:_____   winner:_____

winner:_____   winner:_____

Tic Tac Toe

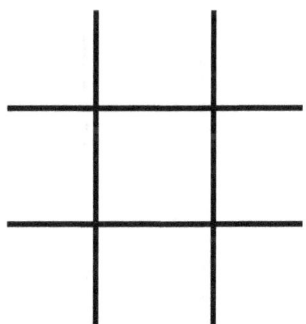

winner:_____

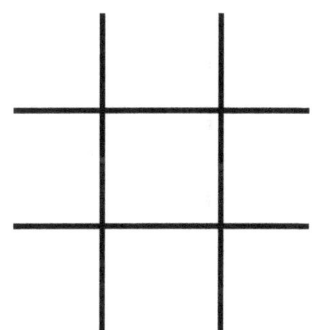

winner:_____

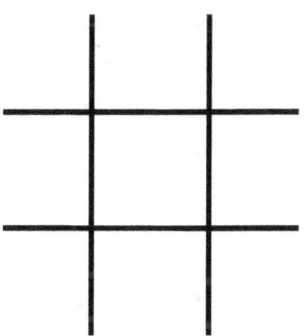

winner:_____

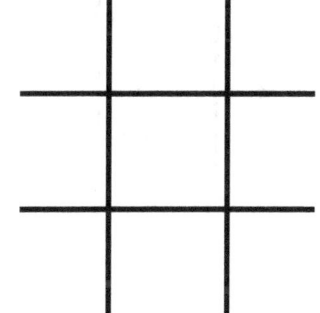

winner:_____

winner:_____

winner:_____

Tic Tac Toe

winner:_____   winner:_____

winner:_____   winner:_____

winner:_____   winner:_____

Tic Tac Toe

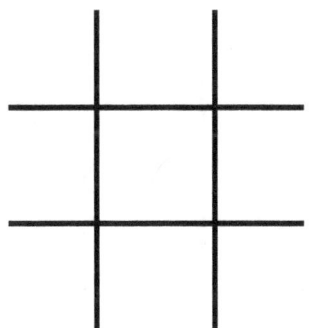

winner:_____

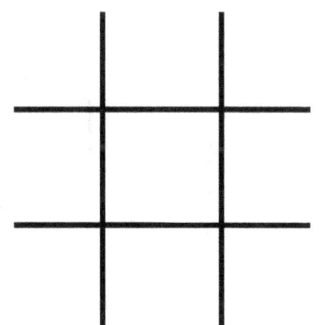

winner:_____

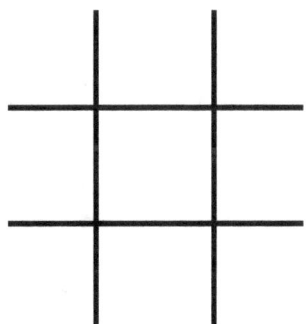

winner:_____

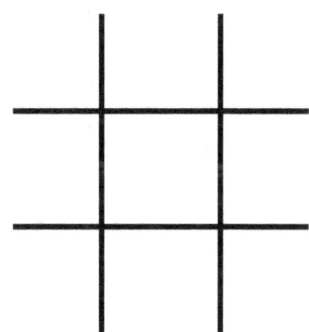

winner:_____

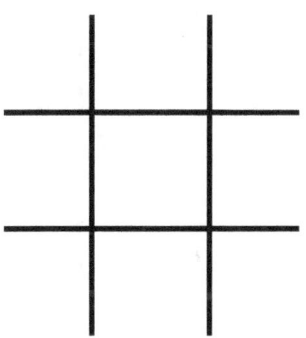

winner:_____

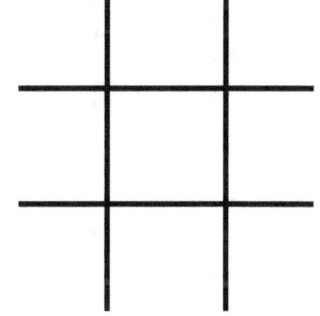

winner:_____

Tic Tac Toe

winner:_____

winner:_____

winner:_____

winner:_____

winner:_____

winner:_____

Tic Tac Toe

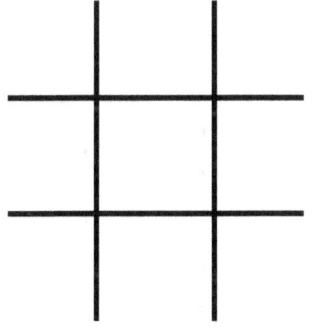

winner:_____

winner:_____

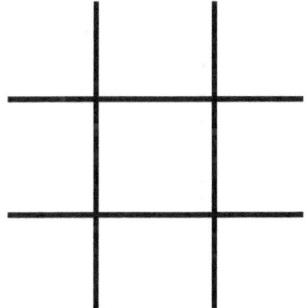

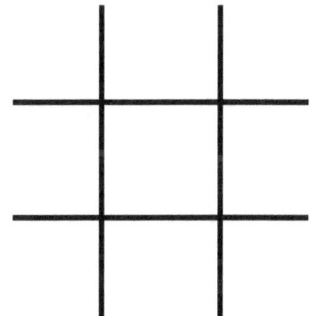

winner:_____

winner:_____

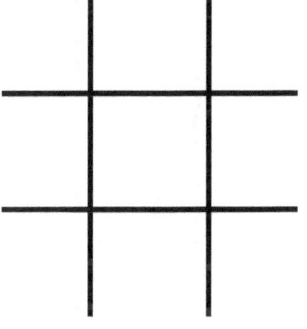

winner:_____

winner:_____

Tic Tac Toe

winner:_____

winner:_____

winner:_____

winner:_____

winner:_____

winner:_____

Tic Tac Toe

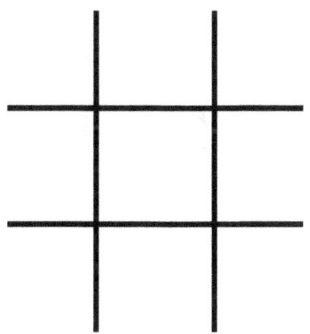

winner:_____

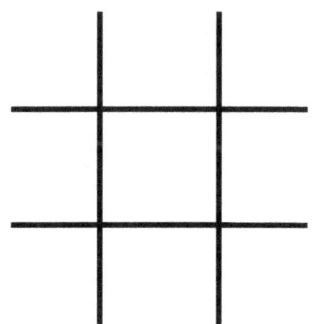

winner:_____

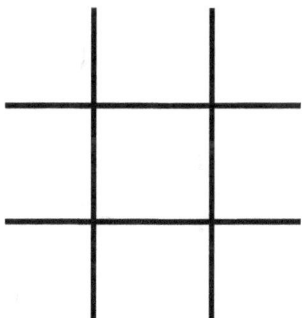

winner:_____

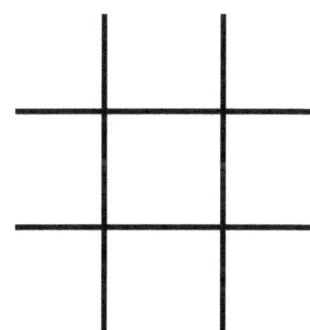

winner:_____

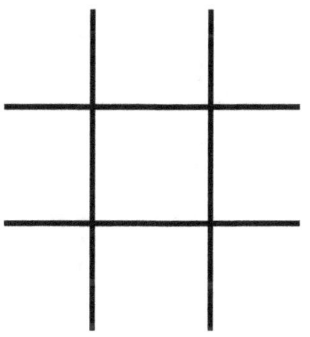

winner:_____

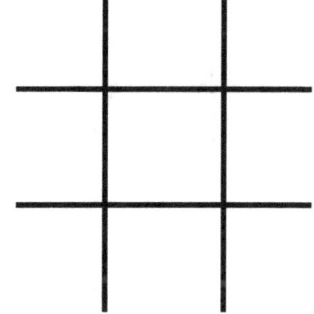

winner:_____

Tic Tac Toe

winner:_____   winner:_____

winner:_____   winner:_____

winner:_____   winner:_____

Tic Tac Toe

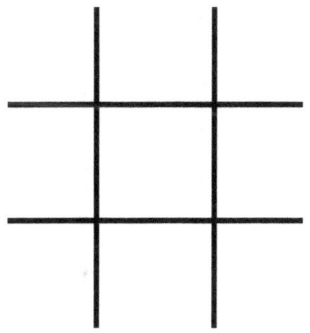
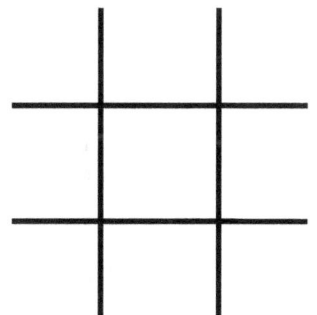

winner:_____   winner:_____

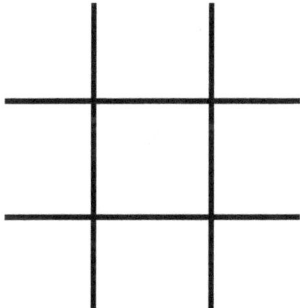
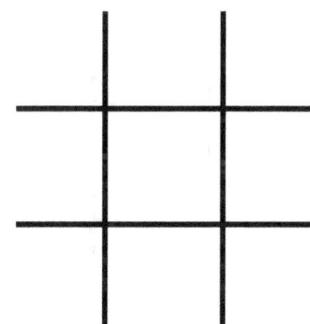

winner:_____   winner:_____

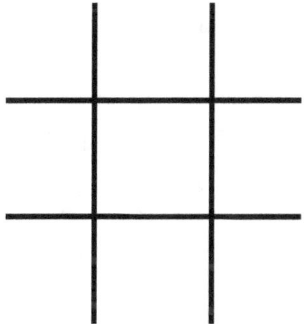
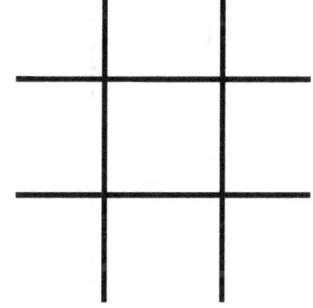

winner:_____   winner:_____

Tic Tac Toe

winner:_____

winner:_____

winner:_____

winner:_____

winner:_____

winner:_____

Tic Tac Toe

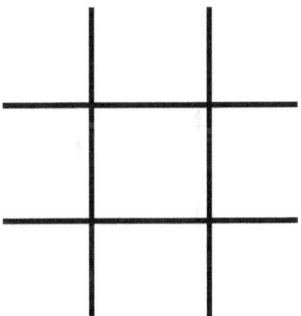

winner:_____

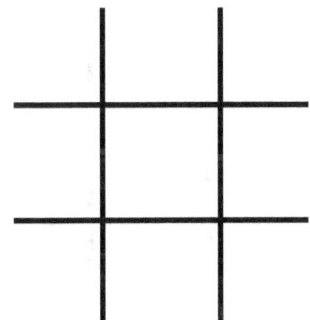

winner:_____

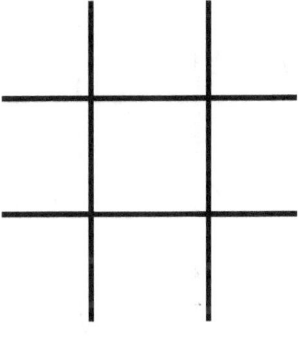

winner:_____

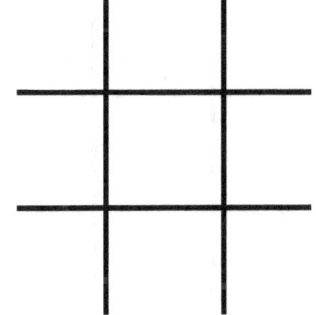

winner:_____

winner:_____

winner:_____

Tic Tac Toe

winner:_____

winner:_____

winner:_____

winner:_____

winner:_____

winner:_____

Tic Tac Toe

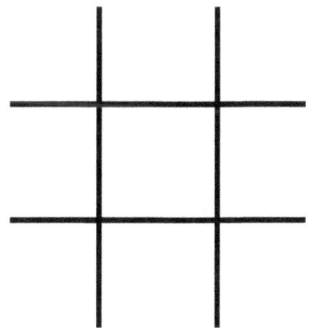

winner:_____

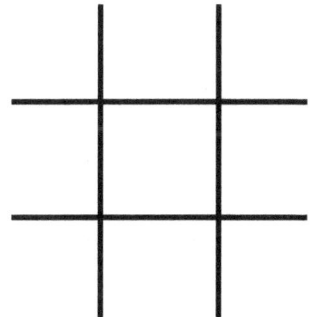

winner:_____

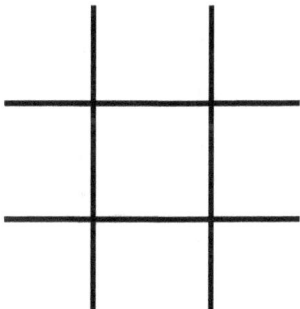

winner:_____

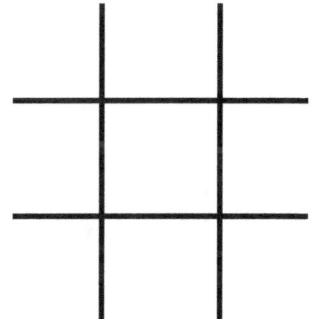

winner:_____

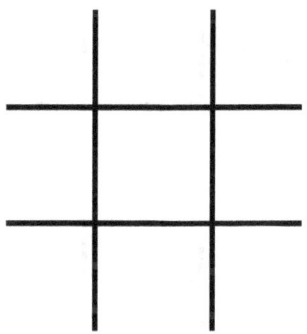

winner:_____

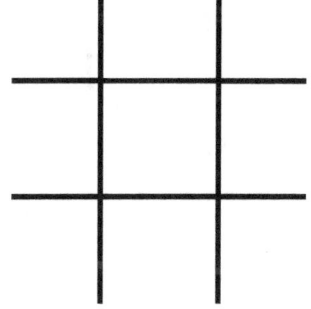

winner:_____

Tic Tac Toe

winner:_____   winner:_____

winner:_____   winner:_____

winner:_____   winner:_____

Tic Tac Toe

winner:_____   winner:_____

winner:_____   winner:_____

winner:_____   winner:_____

Tic Tac Toe

winner:_____

winner:_____

winner:_____

winner:_____

winner:_____

winner:_____

Tic Tac Toe

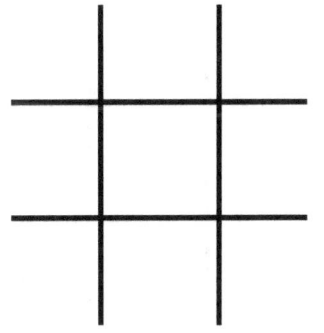

winner:_____

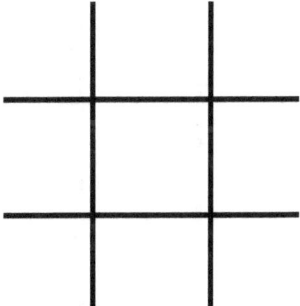

winner:_____

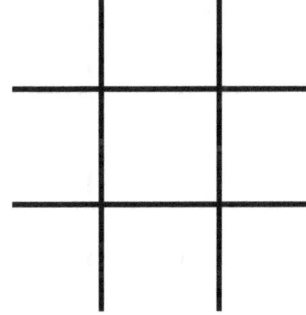

winner:_____

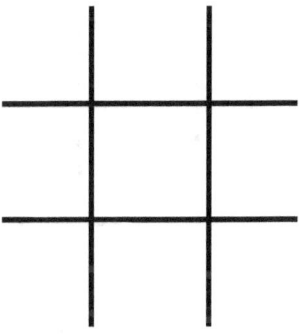

winner:_____

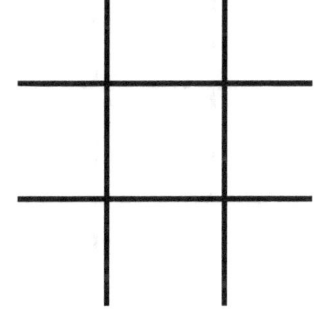

winner:_____

Tic Tac Toe

winner:_____   winner:_____

winner:_____   winner:_____

winner:_____   winner:_____

Tic Tac Toe

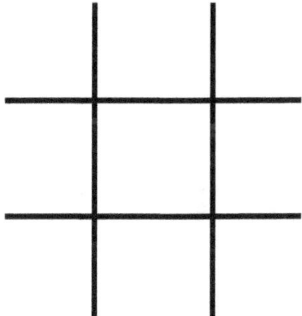

winner:_____

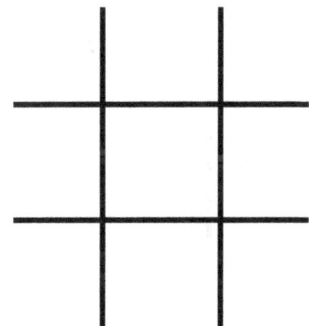

winner:_____

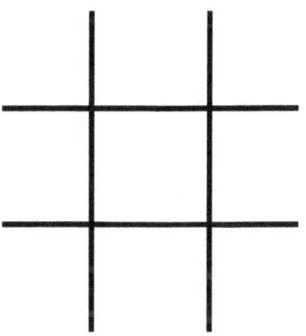

winner:_____

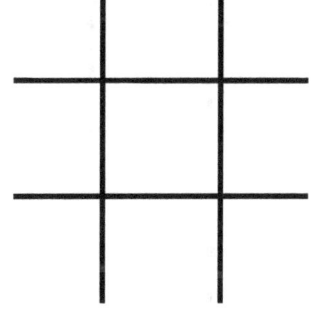

winner:_____

winner:_____

winner:_____

Tic Tac Toe

winner:_____   winner:_____

winner:_____   winner:_____

winner:_____   winner:_____

Tic Tac Toe

winner:_____   winner:_____

winner:_____   winner:_____

winner:_____   winner:_____

Tic Tac Toe

winner:_____

winner:_____

winner:_____

winner:_____

winner:_____

winner:_____

Tic Tac Toe

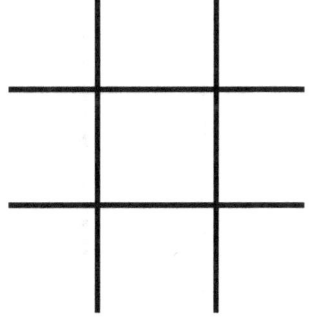

winner:_____

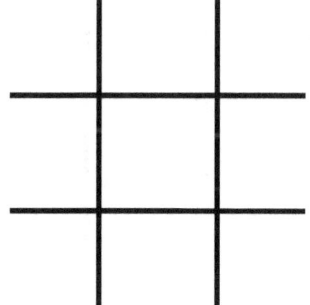

winner:_____

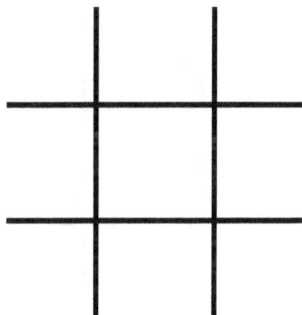

winner:_____

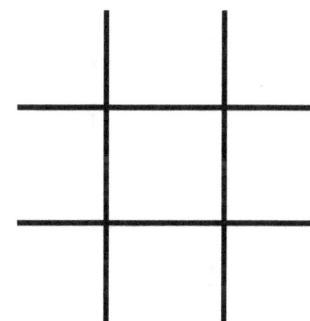

winner:_____

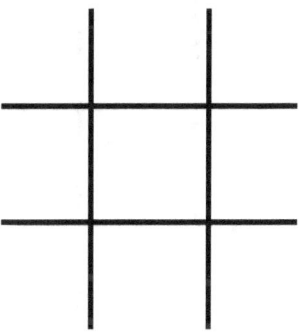

winner:_____

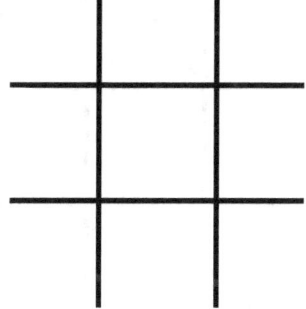

winner:_____

Tic Tac Toe

winner:_____

winner:_____

winner:_____

winner:_____

winner:_____

winner:_____

Tic Tac Toe

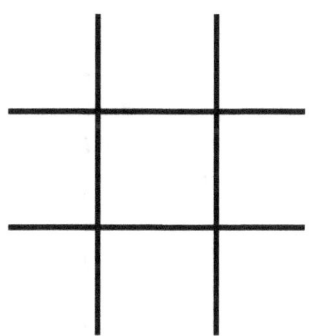
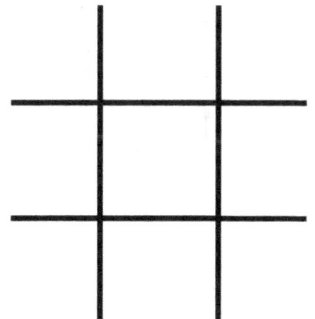

winner:_____   winner:_____

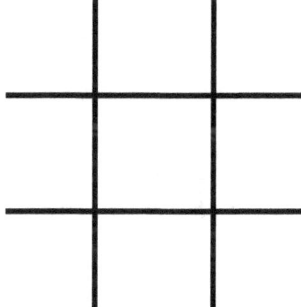
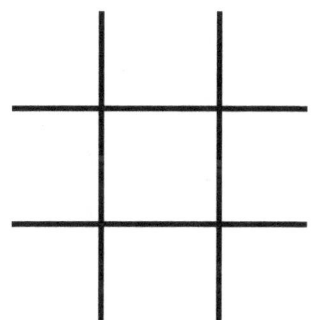

winner:_____   winner:_____

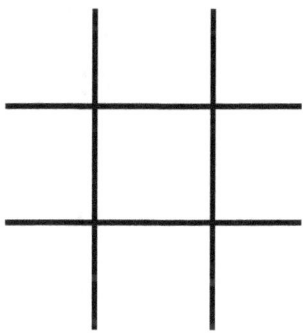
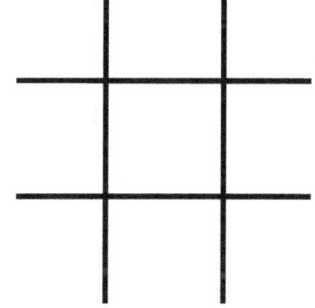

winner:_____   winner:_____

Tic Tac Toe

winner:_____   winner:_____

winner:_____   winner:_____

winner:_____   winner:_____

Tic Tac Toe

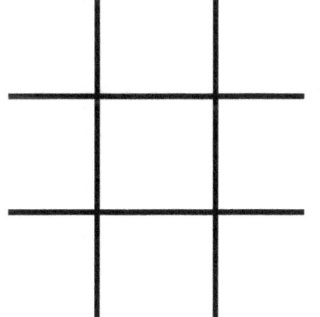

winner:_____

winner:_____

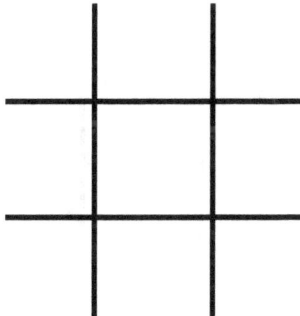

winner:_____

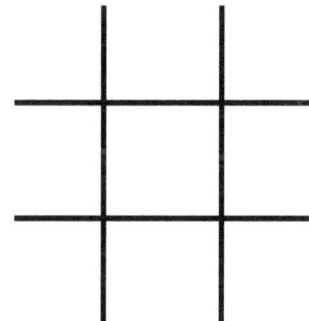

winner:_____

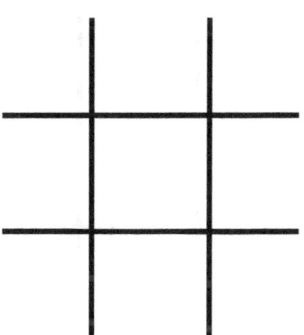

winner:_____

winner:_____

Tic Tac Toe

winner:_____ winner:_____

winner:_____ winner:_____

winner:_____ winner:_____

Tic Tac Toe

winner:_____

winner:_____

winner:_____

winner:_____

winner:_____

winner:_____

Tic Tac Toe

winner:_____   winner:_____

winner:_____   winner:_____

winner:_____   winner:_____

Tic Tac Toe

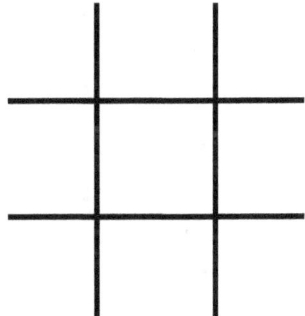

winner:_____

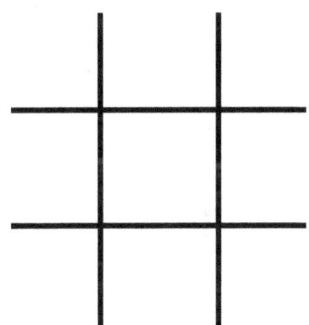

winner:_____

winner:_____

winner:_____

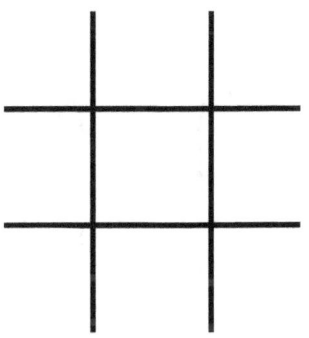

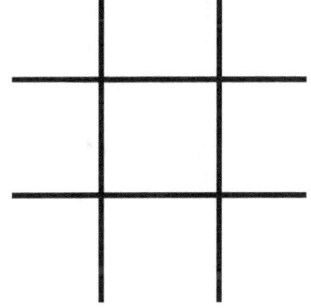

winner:_____

winner:_____

Tic Tac Toe

winner:_____   winner:_____

winner:_____   winner:_____

winner:_____   winner:_____

Tic Tac Toe

winner:_____

winner:_____

winner:_____

winner:_____

winner:_____

winner:_____

Tic Tac Toe

winner:_____   winner:_____

winner:_____   winner:_____

winner:_____   winner:_____

www.ingramcontent.com/pod-product-compliance
Lightning Source LLC
Chambersburg PA
CBHW071410220526
45469CB00004B/1235